SOUVENIRS

DU

CONGRÈS SCIENTIFIQUE

DU HAVRE

PAR

M. L.-Charles QUIN

Membre de la Société nationale havraise d'Études diverses,
Vice-Président de la Société Géologique de Normandie.

HAVRE

IMPRIMERIE LEPELLETIER

1877

SOUVENIRS

DU

CONGRÈS SCIENTIFIQUE

DU HAVRE

SOUVENIRS

DU

CONGRÈS SCIENTIFIQUE

DU HAVRE

PAR

M. L.-Charles QUIN

Membre de la Société nationale havraise d'Études diverses,
Vice-Président de la Société Géologique de Normandie.

HAVRE

IMPRIMERIE LEPELLETIER

1877

Souvenirs du Congrès Scientifique

Tenu au Havre en 1877

Le Havre, 8 Septembre 1877.

Vous avez désiré, Chers Amis, connaître les impressions et les souvenirs que nous a laissés le Congrès mémorable tenu au Havre cette année, pendant la dernière semaine du mois d'août, par l'*Association française pour l'avancement des Sciences*, fondée à Paris il y a six ans.

C'est un résumé difficile à faire; nous allons l'essayer :

Il y a quinze sections laissant place à toutes les sciences, et formant quatre groupes : Sciences mathématiques, sciences physiques et chimiques, sciences naturelles et sciences économiques.

La session s'est ouverte avec le concours des Sociétés scientifiques, de toutes les notabilités, et des nombreux savants français et étrangers, membres du Congrès.

M. le docteur Broca, président de l'Association, a prononcé le discours d'ouverture.

M. BROCA

L'orateur a développé une des plus hautes questions de la science anthropologique : *Les races humaines fossiles de l'Europe occidentale.*

En voici l'analyse :

A ne consulter que l'histoire, on pourrait supposer que l'homme est presque récent sur la terre, mais quand les Géologues eurent reconnu l'incalculable antiquité des animaux fossiles, des observations analogues s'imposèrent pour notre espèce ; des constatations positives furent faites, mais restèrent contestées ou négligées, jusqu'au jour où notre grand Boucher de Perthes, triomphant des dédains et des railleries, put montrer et faire reconnaître par la science ces grandes preuves de l'antique existence de l'homme.

Dans les couches de sable déposées au fond des vallées actuelles par les puissants cours d'eau de l'époque quaternaire, il trouva et fit voir, au milieu des ossements de rhinocéros et de mammouths, les armes de silex taillés, dont l'homme s'était servi pour combattre ces monstres.

Le nom de Boucher de Perthes restera attaché à cette mémorable découverte, qui ouvrait un vaste champ aux études préhistoriques.

Les preuves se sont multipliées ; les ossements, armes, outils, instruments de tout genre, redisent l'histoire de l'homme quaternaire.

Trois ou quatre races avant notre époque se

seraient succédées dans l'Europe actuelle, les premières accusant deux types caractérisés par la forme plus ou moins étroite du crâne, et les autres présentant un volume cérébral plus considérable, un front moins fuyant, un angle facial plus droit.

On ne peut, il est vrai, déterminer ces races exactement, car les restes qui les représentent sont trop rares encore, et souvent aussi trop mutilés, mais ils prouvent suffisamment la multiplicité et la grande diversité des races quaternaires.

Cette diversité ne daterait pas des invasions asiatiques, ni de la longue période de la pierre polie, qui précéda l'introduction des métaux, et qui succéda à l'âge du Renne, mais elle remonterait jusqu'aux temps quaternaires.

Lés nombreux mélanges de race qui se sont produits avant ou pendant la période historique, rendent difficile aujourd'hui la détermination ethnographique.

L'homme quaternaire n'est réellement constaté que depuis vingt ans, et déjà de nouvelles recherches semblent annoncer une ère antérieure, l'*Homme Tertiaire*. Jusqu'ici cet ancêtre n'est que sur le seuil de la science. Sera-t-il donné à un autre Boucher de Perthes de le faire admettre et reconnaître aussi complétement?

Telles sont, en résumé, les grandes vues que le savant président a développées sur le passé de l'humanité.

M. Jules Masurier, maire du Havre, a pris ensuite la parole.

« Messieurs,

» L'honorable président de ce Congrès vient, dans un remarquable discours et avec un langage élevé, de vous entretenir de hautes questions scientifiques, et de dérouler à vos yeux toutes les richesses de son esprit fécond.

» Vous ne vous attendez pas, Messieurs, à me voir suivre mon honorable préopinant dans la voie qu'il a parcourue avec tant de distinction, et à entreprendre devant vous un cours scientifique.

» Non, Messieurs, une autre ligne de conduite est en ce moment tracée au maire du Havre, et il est heureux de venir, au nom de l'administration municipale, vous souhaiter la bienvenue dans une ville hospitalière et vous remercier de l'avoir choisie pour y tenir, en 1877, les assises de la science.

» La ville du Havre, Messieurs, est une ville essentiellement commerçante et industrielle ; il a donc pu paraître surprenant à certains esprits que vous ayez consenti à tenir vos savantes réunions dans cette ville où le coton est, dit-on, le dieu adoré, et où, en définitive, on ne songe qu'au commerce, on ne s'occupe que de questions commerciales.

» Mais, Messieurs, permettez-moi de vous faire observer que la ville du Havre, berceau de Bernardin-de-St-Pierre, de Casimir-Delavigne, de Dicquemare, de Lesueur et d'autres célébrités dans les sciences, les lettres et les arts, ne peut rester étrangère à rien de ce qui tend à élever l'esprit ; elle a possédé et possède, en effet, des Sociétés littéraires et artistiques, et en ce moment même nous avons des Sociétés dont les travaux et les études se font remarquer par leurs heureux résultats. Nous comptons des Cercles d'horticulture et d'arboriculture justement appréciés, des Sociétés musicales qui, par leurs succès, ont acquis un rang honorable.

» Une Société de photographie qui, dans son exposition, va vous faire passer en revue tous les monuments intéressants de la Normandie et de la France.

» Je ne vous parlerai qu'en passant de notre lycée, établissement remarquable et appelé à un bel avenir; de nos conférences, de nos nombreux cours publics si fréquentés, de nos écoles communales, des écoles industrielles et d'apprentissage; enfin, de notre musée, de notre muséum d'histoire naturelle, de notre vaste aquarium, où vous pourrez, Messieurs, vous livrer à l'étude des mystères sous-marins.

Ainsi, Messieurs, je pourrais opposer aux contradicteurs que la science est l'alliée obligée de l'industrie, du commerce et de la navigation. A ce titre, Messieurs, permettez-moi de saluer de nouveau votre présence dans nos murs, et d'espérer que les discussions qui vont surgir dans vos séances pourront avoir de précieux résultats pour notre marine, notre commerce et notre industrie.

» Dans les visites auxquelles vous allez vous livrer dans notre ville, il vous arrivera probablement d'inspecter notre magnifique forme de radoub, et la carène d'un de nos grands steamers ; ce sera pour vous, Messieurs, une étude bien intéressante, et vous rendriez un grand service à la navigation si vous pouviez la doter d'un enduit préservateur à bon marché.

» L'application du pétrole au chauffage de nos machines est encore une question de la plus haute importance, qui mérite vos investigations, aussi bien que l'emploi de l'électricité, tant comme force motrice que comme application à l'éclairage de nos navires.

» Vous êtes, Messieurs, je vous l'ai dit en commençant, dans une ville d'affaires, et vous pardonnerez à son maire de vous entretenir de ces questions si intéressantes pour son commerce et sa navigation.

» Il souhaite que votre session de 1877 ait pour résultat de doter notre pays d'une de ces merveilleuses découvertes, fruit de patientes recherches qui sont l'honneur de la science, l'aliment de l'industrie, et par suite viennent ajouter à la fortune et à la prospérité publiques.

» C'est le vœu que je forme en terminant, vous renouvelant, Messieurs, l'expression de la vive satisfaction que nous avons de vous posséder dans notre ville. »

Cette allocution pratique a fait une bonne impression et chacun la résumait ainsi : *Bien pensé, bien dit.*

———

Ensuite, le secrétaire général de l'Association, M. Dehérain, a rendu compte des faits accomplis pendant et après le dernier Congrès qui s'est réuni à Clermont-Ferrand. Il décrit les circonstances de l'inauguration de l'Observatoire du Puy-de-Dôme, fondé au lieu même où, il y a 230 ans, notre illustre Pascal faisait exécuter les expériences célèbres sur la pesanteur de l'air, qui sont la base de la science météorologique.

Cette inauguration fut un des évènements mémorables du Congrès de Clermont-Ferrand.

L'Association avait siégé précédemment à Nantes en 1875, à Lille en 1874, à Lyon en 1873, et à Bordeaux en 1872, peu après sa fondation.

L'exposé de M. Dehérain a vivement intéressé l'auditoire, mais il concerne plus spécialement l'histoire de l'Association.

Nous avons ensuite entendu le rapport du trésorier, qui a fait connaître la puissance acquise en ce peu d'années, par l'Association. Elle compte plus de 2000 membres, et possède un capital placé de 210,000 fr., malgré les dépenses considérables des publications annuelles du volume qui contient les travaux du Congrès, et les subventions importantes allouées à des œuvres intéressantes.

Assemblée Générale.

La séance d'ouverture a été suivie, le lendemain, d'une assemblée générale, dans laquelle M. Frémy, membre de l'Institut, a été élu vice-président pour la session actuelle de l'Association française qu'il présidera l'an prochain.

Dans cette assemblée, le directeur du muséum d'Histoire Naturelle, président de la Société géologique de Normandie, a lu un savant mémoire sur l'embouchure de la Seine et sur la géologie normande qu'il avait déjà esquissée le matin dans la séance de section. C'est avec le plus vif intérêt qu'on a suivi ces intéressantes explications où les hautes théories étaient appuyées sur des recherches et observations pratiques journalières.

Compagnie Générale Transatlantique.

M. VIAL

Nous avons encore entendu un savant distingué, représentant, au Havre, de la Compagnie générale transatlantique, qui a développé des considérations du plus puissant intérêt sur la navigation trans-océanienne.

Quel heureux concours de circonstances ; un grand sujet traité par un homme éminemment compétent dans une ville maritime telle que le Havre, au milieu d'un concours d'armateurs et de grands négociants, de l'élite de ses citoyens, en présence des sommités de la science, venus de l'étranger et de toute la France.

L'orateur, après avoir décrit les premières tentatives de navigation, les pirogues des sauvages, faites de peaux cousues ou de troncs d'arbres creusés, passe en revue les inventions successives, et arrive enfin aux perfectionnements qui signalent notre siècle ; il raconte le départ du premier paquebot à vapeur, expédié le 16 mai 1840, de Liverpool pour l'Amérique, avec 25 passagers, par un audacieux armateur anglais, M. Cunard.

Le 4 juillet suivant, le *Britannia* lui succède, emportant 63 passagers. Il jaugeait 1,200 tonnes, comme les charbonniers actuels.

La ligne Cunard eut successivement des navires de 1,800, de 2,200 tonneaux, comme l'*Asia* et l'*Africa*, et de 3,000 tonneaux, comme le *Persia*. Ces bâtiments étaient mus par des roues; ils étaient la plupart en bois; le dernier construit dans le système à roues fut le *Scotia*, en 1862, mais il était en fer.

Bientôt l'hélice, acceptée d'abord pour les navires de combat, fut adoptée par l'Amirauté anglaise, pour l'*Australasian*, destiné au transport des dépêches. Cet appareil s'est imposé définitivement, et aujourd'hui la Compagnie générale transatlantique n'a plus que des vapeurs à hélice.

Au moment de la fondation de la Ligne Cunard le Havre était relié à l'Amérique par plusieurs lignes de paquebots à voiles.

C'étaient des navires américains qui desservaient la ligne des Etats-Unis, et des paquebots français qui faisaient des voyages réguliers entre notre port et le Brésil, la Plata et les Antilles.

Tout le monde au Havre se souvient des beaux navires l'*Achille*, le *Havre*, la *France et Chili*, le *Carioca*, le *St-Pierre*, la *Reine du Monde*, le *Petropolis*, la *Normandie*, l'*Union des Chargeurs*.

En 1849, les américains mirent sur la ligne du Havre à New-York le *Franklin* et le *Humboldt* qui furent très populaires; la découverte des mines de Californie avait accru le mouvement entre l'ancien et le nouveau Monde, tous les yeux étaient tournés vers l'Amérique redevenue le pays de l'or. Les deux bâtiments se perdirent, mais leur service fut continué par le *Fulton* et l'*Arago*.

Ils eurent pour concurrents de splendides steamers

armés par le célèbre Vanderbilt, l'*Ariel*, le *Vander-bilt*, l'*Ocean-Queen*, l'*Illinois* et le *North-Star*.

Les Américains avaient armé des paquebots splendides et donnèrent à la navigation fluviale un développement inouï. Leurs bateaux de rivière sont des palais flottants qui transportent plusieurs centaines de passagers avec des vitesses de 16 nœuds (environ 32 kilomètres) à l'heure.

Les paquebots transatlantiques américains cessèrent leur service pendant la guerre de sécession, et après la paix cette industrie était passée aux mains des Français, des Anglais et des Allemands.........

Après la guerre de Crimée, la compagnie française Gauthier monta un service de correspondance entre le Havre et les ports d'Amérique. Plusieurs voyages furent effectués par les beaux paquebots l'*Alma*, le *Lyonnais*, le *Franc Comtois*, le *Barcelone*.

A la suite de ces tentatives, une compagnie puissante, la compagnie générale Maritime, devenue la compagnie transatlantique, se chargea, en 1862, de constituer une flotte suffisante pour desservir l'Amérique du Nord et les Antilles.

Le premier départ fut effectué le 15 juin 1864 par le *Washington*, sous le commandement du capitaine Duchesne.

En 1865 son service mensuel fut doublé, elle possédait les plus beaux navires connus, et avait toutes les préférences d'une clientèle choisie........

Mais de nouvelles et nombreuses compagnies se sont établies en Angleterre et en Allemagne pour exploiter la mine si riche qui était ouverte à toutes les nations ; le fret a manqué pour alimenter tous ces transports, et la concurrence a amené un grand avilissement des prix.

Il existe aujourd'hui 21 lignes de paquebots entre l'Europe et l'Amérique du Nord, représentant une flotte de plus de 230 bâtiments dont les plus forts jaugent 5000 tonneaux et ont des machines de 1000 chevaux comme la *France*.

La compagnie transatlantique a été amenée comme ses concurrents à rechercher la quantité; beaucoup de passagers des classes moyennes, et les vastes espaces qui ont servi à les loger, reçoivent au retour les produits du sol américain. Nos grands navires peuvent porter 600 passagers d'entrepont à l'aller, et ramener sur nos quais 3000 tonnes de marchandises lourdes.

Notre marine jouit d'une vitalité incontestable, elle reprendra certainement la place qui lui appartient dans nos ports, lorsqu'elle sera placée vis-à-vis de ses concurrents sur le pied d'une égalité réciproque, lorsque ses charges ne seront pas plus fortes que les leurs.

Sur les divers Océans existent d'autres lignes également actives, les unes, correspondant avec les nôtres, sillonnent l'Océan Pacifique, vont de San-Francisco à Yokohama en 22 jours, et nous relient avec les Messageries Maritimes, et la compagnie Peninsulaire, qui vont par Suez dans l'Inde, et l'extrême Orient, se partager le trafic de ces riches contrées.

D'autres compagnies, partant de Panama, font notre correspondance avec tous les points de l'Amérique Occidentale. Deux autres lignes s'y rendent directement par le détroit de Magellan, après avoir touché à la Plata.

2.

La flotte de la compagnie des Messageries ne le cède à aucune autre, ni pour le nombre ni pour les qualités des navires. Elles desservent avec une régularité égale à la notre l'Inde, la Chine, le Japon, le bassin de la Méditerranée, la Plata et le Brésil.

Plusieurs lignes françaises partagent avec elles le trafic de ces deux pays ; parmi elles nous mentionnerons la compagnie des Chargeurs Réunis, dont les beaux steamers appartiennent à notre port, et font le plus grand honneur à nos constructeurs, à nos armateurs et à nos marins.

Quel progrès depuis que Colomb a franchi l'Atlantique pour la première fois sur une modeste caravelle de 100 tonneaux.

M. Vial, dont nous suivions avec intérêt la parole simple et claire, a ajouté des renseignements plus précis sur la flotte. Ils peuvent s'appliquer aux autres compagnies.

Les plus grands paquebots, comme la *France*, ont 125 mètres de long, la compagnie en possède trois pareils. Les machines sont de 900 chevaux et développent habituellement une force moyenne de 2600 chevaux, en consommant 60 à 80 tonnes de charbon par jour.

Tous possèdent des sirènes à vapeur pour signaler leur approche par les temps de brume. Nous sommes les seuls qui aient adopté cette utile invention, a dit M. Vial. Nos navires la *France* et l'*Amérique* ont à l'avant des feux électriques pour les faire voir par les nuits obscures. Cette innovation est étudiée avec grand soin.

Nos grands paquebots, tout chargés, pèsent de

6,000 à 7,000 tonnes. Ils ont 140 hommes d'équipage, et peuvent loger à l'aise 800 passagers.

C'est une petite ville flottante, contenant pour plusieurs millions de francs de marchandises, ayant deux mois de vivres et se mouvant sur l'océan avec une vitessse de 24 à 28 kilomètres à l'heure.

Nos paquebots de la ligne de New-York font chacun 6 à 8 voyages par an, soit 48,000 kilomètres dans l'année.

Près de 3,000 individus partagent nos travaux ; un tiers de ces hommes sont d'anciens serviteurs de la Compagnie, et vivent sur nos bâtiments depuis plusieurs années.

Tout un personnel d'ouvriers est occupé à Saint-Nazaire et au Havre, à l'entretien de nos navires. A l'arrivée au port de chaque paquebot, ils aident l'équipage à démonter, visiter et réparer les appareils.

En outre, nous avons les employés de nos agences, les gardiens, les commis, les garde-magasin ; les uns accomplissent un travail régulier et identique tous les jours ; les autres ont *un coup de feu* de temps en temps. A chaque arrivée ou expédition de navires, ils travaillent jour et nuit pour que tout soit en règle, pour que toutes les marchandises soient bien embarquées et enregistrées ; lorsque la besogne est finie, ils tombent de sommeil et restent vingt-quatre heures sans reparaître.

Toute notre administration, tous nos services sont centralisés à Paris. C'est de là que part l'impulsion donnée à cette grande Compagnie, qui embrasse par ses agences tout notre pays, tous les ports de l'Amérique du Nord, de l'Amérique centrale, et des Antilles, et par ses correspondants, la plupart des grandes places de commerce du monde.

Elle est une des grandes entreprises nationales de notre époque. Elle fait le plus grand honneur à ceux qui l'ont conçue, à ceux qui l'ont organisée, et aux hommes éminents qui la dirigent.

Travaux du Port.

M. QUINETTE DE ROCHEMONT.

Dans cette même séance générale, le savant ingénieur des ponts-et-chaussées, M. Quinette de Rochémont, a fait, avec une clarté parfaite et une érudition consommée, l'historique du port du Havre, depuis sa fondation jusqu'à nos jours, et décrit les travaux d'agrandissement qu'il dirige. Nous avons eu l'avantage de les examiner de près et d'entendre les explications qu'il en a données, sur les chantiers même, à marée basse, et l'ouvrage qu'il a publié au nom de l'administration nous avait initié à ce passé, au présent et à l'avenir du port du Havre. Nous avons pu apprécier les difficultés multipliées de cette immense entreprise, tant pour les travaux déjà exécutés que pour ceux qui restent à terminer, afin de mettre notre port en état de lutter contre ses rivaux à l'étranger.

Conférences.

Il a été fait, pendant le Congrès, deux grandes conférences, l'une par M. de Saporta, président de la section de géologie, sur les anciens climats considérés dans leurs relations avec la marche et les variations de la végétation européenne. Le spectacle amplifié qui en a été offert a vivement intéressé l'assistance.

L'autre conférence avait pour objet le sol et la richesse des Etats-Unis. M. E. Levasseur, membre de l'Institut et professeur au Collége de France, a fait un éloquent exposé de la grandeur et de l'étonnante prospérité des Etats-Unis. Il a montré les humbles débuts de cette nation, aujourd'hui si puissante, et les prodigieux développements dûs à la richesse d'un sol inépuisable, d'un sous-sol non moins favorable et de ses eaux. Il fut un temps où un territoire se payait quelques dollars, et maintenant des cultures immenses et de riches manufactures couvrent le sol des états.

Il a montré l'Union Américaine fournissant annuellement 600 millions d'hectolitres de céréales, 36 millions de bêtes à cornes, 5 millions de balles de coton, 46 millions de combustible minéral, 400 millions de matières d'argent et 500 millions de matières d'or.

Il a continué ces développements par l'historique des grèves, heureusement passagères, qui ont désolé récemment les Etats-Unis.

Et il a terminé par des aperçus élevés sur l'avenir des Etats-Unis, considérés dans leurs rapports commerciaux avec l'Europe et en particulier avec la France et notre ville, où les échanges mutuels ont le plus d'importance.

Ce brillant exposé a vivement captivé notre attention.

Le magnifique paquebot le *Pereire* a été l'objet d'une communication spéciale des plus intéressantes, motivée par la sortie du port et le départ pour New-York, de ce grand navire.

On saisit mieux ces explications techniques quand on peut entendre, voir et toucher à la fois, mais les reproduire pour vous, chers amis, est plus difficile.

Voyage d'Etudes.

Dans une deuxième assemblée générale, M. Biard, lieutenant de vaisseau, a développé le programme d'un voyage autour du monde, ou voyage d'études, proposé par une société spéciale. En suivant l'orateur sur le planisphère, il nous semble faire le voyage et en subir les péripéties, mais on conçoit moins bien les avantages pratiques, réels, de cette longue course hâtive.

Société Géologique.

Nous avons encore entendu, dans cette réunion, un brillant rapport de M. Cotteau sur la magnifique exposition organisée par la Société Géologique de Normandie, du Havre ; les membres du Congrès en avaient fait l'inauguration solennelle dès le premier jour, et une visite réitérée des membres de la section spéciale, suivie d'une excursion sous les falaises de la Hève, avait confirmé l'intérêt capital des collections exposées.

Nous devons, chers amis, vous signaler la grande importance de l'œuvre due surtout à l'habile direction imprimée par l'éminent président de la Société

Géologique. Il ne suffit pas de la visiter, il faut l'étudier. On y trouve la série non interrompue, et à l'état fossile, des animaux qui ont peuplé la région aujourd'hui Normande, depuis la période paléozoïque jusqu'à celle contemporaine ; parallèlement sont classés les échantillons des roches diverses qui les recèlent ; puis les produits fabriqués que l'industrie sait obtenir de ce sol.

Il y a peu de collections aussi complètes, aussi bien disposées pour l'instruction du visiteur, que facilitent encore de nombreux plans, coupes, figures, préparations diverses, œuvres des jeunes sociétaires MM. G. Drouaux, W. Partridge, E. Savalle, Constantin, Durand, D. Bourdet, Courché, Chesnel, Noury père, Rolland Banès, etc., etc., et les tableaux des âges géologiques et préhistoriques dus au pinceau de M. A. Noury, aussi habile peintre et dessinateur que savant naturaliste.

Travaux des Sections.

La multiplicité des communications présentées dans les nombreuses sections ne permet pas que nous puissions, chers amis, vous en rendre un compte bien détaillé, et d'ailleurs leur simultanéité inévitable empêchait d'assister à tous les travaux.

Nous ne pourrons donc vous redire ou vous résumer que les sujets principaux qui nous ont paru d'un intérêt plus général ou plus puissant.

Nous ne pourrons pas davantage vous citer tous les noms des savants français et étrangers qui se sont fait entendre, car nous avons dû concentrer toute notre attention sur le côté scientifique des travaux.

De nombreuses Sociétés savantes de France et de l'étranger étaient représentées dans les sections par leurs membres les plus distingués. L'Association Britannique, sœur aînée de l'Association française, qui siégeait à Plymouth, également au mois d'août, avait clos sa session pour participer au Congrès du Havre. La présidence d'honneur de plusieurss sections a été conférée aux étrangers les plus éminents, et tous ont reçu des Havrais l'accueil le plus sympathique, l'hospitalité la plus généreuse.

1re ET 2me SECTIONS.

Mathématiques et Mécanique.

Ces sections ont été très actives, mais il est assez difficile de résumer ces sortes de travaux assez arides; nous vous citerons au moins ceux que nous avons remarqués.

M. A. Normand, l'habile constructeur de navires du Havre, savant astronome et calculateur, a parlé sur les occultations d'étoiles par la planète Mars, pendant son opposition actuelle qui la place si favorablement pour les observations de toute nature, comme celle de deux satellites de cette planète qui viennent d'être découverts.

M. Mondésir et M. Lucas ont traité des propriétés des nombres premiers; M. Mannheim de la surface de l'onde ; M. Catalan des nombres premiers ; M. Halphen des singularités des courbes gauches ; M. Botkine de changements hypothétiques à la surface de la lune.

M. Rolland-Banès a présenté un appareil de sauvetage, inventé par M. Fleury, du Havre, et M. Desprez a traité d'un appareil pour la composition des mouvements.

Les trois sections de mathématiques, physique et géographie, se sont réunies pour entendre des considérations présentées avec autant de science que de clarté, par M. le commandant Périer, sur la détermination des longitudes.

Nous avons regretté de ne pas trouver, dans cette section de mécanique, une communication sur les machines-outils, qui prennent une place de plus en plus importante dans les grands et petits ateliers ; ces applications ont encore besoin de la science pure.

2me ET 3me SECTIONS.

Navigation, Génie Civil et Militaire.

Ces deux sections étaient présidées par M. Malézieux et M. Bellot, ingénieurs en chef des ponts-et-chaussées; M. le colonel Lallemant, vice-président ; MM. les ingénieurs Renaud et Terré, secrétaires. M. Léonce Reynaud, inspecteur en chef des ponts-et-chaussées, a été élu président pour 1878.

Machines perfectionnées.

M. AUDENET.

Après M. Vial et M. Quinette de Rochemont, dont nous avions entendu les communications si instructives dans une séance générale, nous avons eu, dans cette section, l'exposé par M. Audenet, ingénieur en chef de la Compagnie transatlantique, des avantages des machines marines actuelles, et des raison de théorie qui ont poussé à surmonter les difficultés pratiques de l'introduction du condenseur à surface, et des pressions élevées. M. Audenet a développé les conséquences économiques qui résultent de ces transformations.

La Compagnie transatlantique, qui, la première en France, a adopté les moteurs de ce nouveau système, a obtenu une économie de combustible de 45 à 50 0/0, dans laquelle la part du condenseur à surface est de 12 à 15 0/0, et l'élévation de pression et la détente successive de 30 à 35 0/0.

Architecture navale.

M. DAYMARD.

Puis M. Daymard, chef du service technique de la Compagnie au Havre, a fait ressortir les avantages commerciaux et économiques des bâtiments de plus fortes dimensions, et montré par des exemples qu'en portant seulement la longueur des paquebots de 105 à 120 mètres, le creux de 8^m 50 à 10^m 50, la largeur de 13^m 30 à 13^m 40 et le tirant d'eau de 6^m 80 à 7^m 30, on avait gagné pour le chargement 125 0/0 en poids et 150 0/0 en volume, alors que la surface immergée n'augmente que de 13 0/0. C'est que l'emplacement disponible dans le navire croît comme le cube des dimensions, tandis que la résistance à la propulsion ne croît que comme le carré.

Aussi la *France* et le *Labrador* peuvent réaliser des recettes doubles de celles du *Pereire* et de la *Ville-de-Paris*, et un seul voyage des premiers

amène au Havre plus de produits que deux voyages
des seconds.

Mais deux séries de raisons entravent cet agrandissement progressif, d'abord les raisons commerciales,
c'est-à-dire le chargement probable à espérer, et les
raisons nautiques basées sur la facilité qu'offrent
les ports fréquentés pour les manœuvres.

Pourtant, les grands paquebots la *France* et le
Labrador ne sont pas la limite des navires que
dans un temps donné nous verrons sortir du port
du Havre. Après l'achèvement de l'avant-port, il sera
possible d'avoir des paquebots de 130 mètres de
long à la flottaison, 13ᵐ 80 de large, 10ᵐ 80 de creux,
et 7ᵐ 35 de tirant d'eau, suivant le modèle au cen-
tième qui a été présenté.

Perfectionnements nouveaux.

Ce n'est pas tout, M. Daymard a fait pressentir
les progrès que des appareils nouveaux pourraient
procurer encore sur les machines nouvellement en
service, en réalisant notamment trois perfectionnements très possibles :

1º L'accroissement de pression et l'emploi de trois
cylindres successifs ;

2º L'augmentation de puissance vaporisatrice des
chaudières et par suite la diminution de leur poids ;

3º Enfin, l'emploi d'un combustible présentant,
sous le même poids et le même volume, plus de
puissance vaporisatrice que le charbon ordinaire.

Ces améliorations sont préparées par les travaux
de M. B. Normand et autres savants constructeurs.

M. Eugène Péreire, président de la Compagnie

transatlantique, et en même temps habile ingénieur, a fait fabriquer avec succès des agglomérés de menu charbon, mélangé avec du pétrole ou des huiles lourdes, qui ont présenté à poids égal un pouvoir calorifique supérieur à celui du meilleur Cardiff.

Ainsi, il sera possible d'obtenir une diminution de 25 à 28 0/0 sur l'ensemble du poids des appareils et du combustible, d'augmenter d'autant la part du chargement, ou au besoin d'aborder des vitesses supérieures à 16 nœuds.

C'est l'application du grand principe d'architecture navale : *Obtenir un effet déterminé avec le moindre poids et sous le plus petit volume possible.*

Des observations sont ajoutées à cet exposé par M. Bellot, ingénieur en chef, par M. Ernest Chabrier, et par M. Quinette de Rochemont.

Ces communications, vous pouvez l'imaginer, ont captivé vivement notre attention, et attireront certainement la votre, chers amis.

Dans la même section, nous avons entendu M. Bergeron, ingénieur, sur la téléphonie, sur les sondages rapides et sur la préservation du fer contre l'oxidation; M. Lepaute, sur un nouveau système de phares, qui a été l'objet d'observations; M. Ladvocat, sur la voierie de cette ville, et M. de Dion, sur la déformation des pièces courbes.

Tramways du Havre.

La section a encore entendu avec intérêt une communication faite par M. Renaud, ingénieur des ponts-et-chaussées au Havre, sur les tramways de cette ville.

Un décret du 4 octobre 1873 a autorisé la création d'une première ligne de Graville à Frascati; une autre ligne, passant par le cours de la République et le boulevard de Strasbourg, a été concédée plus tard et prolongée jusqu'aux abords de Ste-Adresse.

Elles sont exploitées par la Compagnie générale française des Tramways.

La ville a encore été autorisée à créer une ligne pour desservir les Docks et les Abattoirs, mais des difficultés de tracé arrêtent les travaux.

Un prolongement jusque dans Ste-Adresse vient plus récemment d'être accordé.

La ligne de Graville à Frascati a plus de 4,000 mètres; l'embranchement des boulevards en a plus de 2,000, et la partie exécutée vers Ste-Adresse, environ 2,000 mètres; ensemble plus de 8,000 mètres.

Le prolongement dans Ste-Adresse aura 1,400 mètres, et celui des Abattoirs, 1,800 mètres.

Le total dépassera 11,400 mètres.

L'établissement de la voie, le matériel, les chevaux, les constructions, ont coûté 182,000 fr. (?) L'administration possède 25 voitures, toutes sans impériales actuellement; elles offrent 8 places de première classe, 8 de deuxième classe, et 14 de plate-forme; elles sont légères et d'un modèle gracieux.

Chaque cheval travaille en moyenne deux heures et demie, et fait 20 kilomètres, soit 4,000 mètres par demi-heure. Le prix de revient est de 27 centimes par kilomètre.

Les rails sont actuellement en acier. La voie a une largeur de 1 mètre 44, et l'entre-voie est de 1 mètre 10.

La voie n'est pas double partout, mais les garages sont fréquents.

Il y a quelques pentes qui nécessitent un deuxième cheval pour remonter leur parcours.

La Grande-Rue d'Ingouville présente une courbe difficile dans une partie étroite, et offrant, en outre, une pente.

Les roues sont basses ; il y en avait une folle à chaque essieu ; elles sont toutes fixes maintenant, avec freins à treuil.

Tramways à vapeur de Paris.

M. Celliez a parlé des tramways de Paris, au point de vue de la traction à vapeur, qui est beaucoup plus coûteuse, mais bien plus rapide.

Ce système paraît devoir donner de bons résultats ; il faut espérer que nous le verrons bientôt appliqué au Havre, au moins sur des lignes prolongées vers les localités voisines.

Boussole circulaire.

Il ne paraît pas qu'il ait été question de la boussole circulaire inventée par M. Emile Duchemin.

Cependant, il a été dit, en dehors du Congrès, que l'emploi réglementaire de cet appareil avait été prescrit à bord des bâtiments de la flotte, et qu'il avait été fait un rapport favorable sur *Les roses à aimants circulaires*, de M. Duchemin, après l'expérience dont elles avaient été l'objet à bord du croiseur le *Dupleix*, pendant la campagne d'Islande, sous le point de vue de la fixité de la ligne des pôles, la sensibilité et la stabilité.

5me SECTION.

Physique.

M. Cornu, professeur à l'Ecole polytechnique, a été élu président.

M. Denayrouse a expliqué ses procédés d'éclairage électrique.

M. Cornu a parlé du spectre ultra-violet.

M. Breguet a présenté une étude sur l'horlogerie électrique, où il est si compétent.

Le savant professeur, secrétaire général de l'Association, M. Gariel a développé des recherches photométriques.

M. Redier a expliqué un thermomètre enregistreur.

M. Brame a traité de la corrélation des forces physiques.

M. Alluard d'un nouvel hygromètre à condensation.

M. Angot a donné des détails sur l'application de la photographie à l'observation des phénomènes astronomiques, notamment au passage de Vénus sur le soleil.

M. Janssen a traité des particularités qui se produisent sur la circonférence de la photosphère solaire qu'on appelle les grains de riz et leur reproduction sur la photographie du soleil. Il a donné des indications sur les précautions à prendre pour obtenir des photographies très nettes des bords et du centre du soleil, à l'aide d'un collodion et d'un temps de pose convenable.

M. Janssen présente une glace de grande dimension, retenant l'image du soleil avec les particularités de la photosphère, qu'il explique avec autant de science que de complaisance.

M. Hugghins, membre de la Société royale de Londres, a fait connaître un dispositif nouveau pour la photographie des étoiles, à l'aide d'un miroir télescopique en métal et d'un spectroscope à lentilles de quartz.

M. le commandant Périer, en présence de trois sections, a décrit les opérations nécessaires pour déterminer les longitudes.

M. Mercadier, professeur à l'Ecole polytechnique, a expliqué une méthode nouvelle pour préciser des intervalles de temps très courts, et spécialement la durée de la propagation de l'électricité à travers les fils conducteurs.

M. Mercadier a, en outre, exposé une méthode pour comparer deux mouvements vibratoires, et en déterminer les éléments.

Le procédé est ingénieux et mérite une description spéciale.

Il consiste à rendre parallèles les mouvements de deux styles fixés aux corps vibrants, et à les projeter sur un écran, à l'aide d'un faisceau de lumière parallèle.

Les croisements des styles dans l'espace produisent en projection des raies noires sur fond éclairé, dont le nombre et la disposition relative caractérisent les rapports des nombres de vibrations des corps vibrants ; une formule très simple permet de déterminer leurs différences de phases.

Vous voyez, Chers Amis, combien ces études sont

intéressantes, tout abstraites qu'elles paraissent ; mais vous savez qu'elles ne sont pas de simples théories, des idées vagues. Vous avez reconnu qu'elles trouvent à chaque instant leur application dans l'industrie, par la lumière électrique, par la télégraphie, par les machines à vapeur, etc., etc., et que les transformations des forces de la nature, chaleur, lumière, électricité, sont dans nos ateliers des rouages, des moteurs, des outils, comme le furent les premiers silex taillés dans les mains de nos ancêtres, et cette étape immense n'est pas la dernière que nous réserve la science.

6me Section.

Chimie.

Les travaux de cette section ne peuvent être analysés avec profit ; nous devons cependant vous les indiquer, car il peut être intéressant de les rechercher et étudier.

L'éminent professeur, M. Wurtz, a présenté de hautes considérations sur les lois de la chimie.

Une savante discussion entre M. Wurtz, M. Béchamp, M. Cunning d'Amsterdam, M. Terriel et M. Cazeneuve, s'est élevée relativement à l'action des acides anhydres sur les bases anhydres.

M. Barbier a développé une méthode rapide d'analyse du fer chromé.

Nous signalons ce travail important aux établissements de notre ville qui reçoivent ce minerai.

M. Béchamp a étudié les fermentations butiriques et lactiques.

M. Perret a donné un nouveau procédé de dosage du tannin, et fait ressortir les propriétés antiseptiques du chlorure de zinc.

M. E. Marchand de Fécamp, correspondant de l'Institut, a exposé les principes de l'analyse du lait. Divers membres ont échangé des observations pratiques sur ce sujet.

M. Bidard père, chimiste à Rouen, a présenté, par l'organe de M. Schulzemberger, président, une note très importante sur les eaux sulfureuses et ferrugineuses.

M. Tissandier, pour M. Giffard, a expliqué le procédé qu'il se propose d'employer, la voie humide pour produire l'hydrogène nécessaire au ballon captif projeté pour l'Exposition Universelle de 1878; c'est là l'ancien mode abandonné pour le gaz d'éclairage plus coûteux (30 centimes le mètre), mais plus facile à obtenir généralement, et avec une promptitude qui ne sera pas nécessaire dans l'état permanent du ballon captif; la production par voie sèche reviendrait à 5 centimes seulement. Le procédé en grand a été essayé à l'usine Flaud, mais il n'est pas exempt de danger.

M. Wurtz a été élu président pour 1878.

7ᵐᵉ SECTION.

Météorologie et Physique du Globe.

La section élit pour président M. Alluard; M. le général de Nansouty pour vice-président, et M. Angot pour secrétaire.

M. Ragona, directeur de l'Observatoire de Modène,

est désigné comme président d'honneur. Il présente plusieurs communications sur la météorologie comparée.

M. E. Marchand, de Fécamp, lit un mémoire sur l'absorption atmosphérique des forces contenues dans la lumière, et sur le calcul de cette absorption.

M. Janssen émet le vœu que les compagnies des paquebots à vapeur entreprennent des observations météorologiques.

Nous entendons divers membres reproduire, devant cette section, des communications qu'ils ont présentées à la section de physique proprement dite.

Ces deux sections séparées ont, en effet, des points de rapport bien communs; d'ailleurs un président ne peut écarter un travail qui s'appuie sur deux sciences distinctes.

M. Alluard a observé qu'à Clermont-Ferrand et au sommet du Puy-de-Dôme, les baromètres suivent des marches différentes au moment des grandes bourrasques, malgré la faible distance qui les sépare. De plus, il a observé, ainsi que M. Glaisher, que la température ne décroît pas toujours suivant la même loi à mesure qu'on s'élève, mais que souvent en hiver, il fait plus chaud à une certaine hauteur qu'à la surface du sol.

Ce fait, dit un autre membre, serait une preuve nouvelle de l'incertitude des formules que l'on emploie pour réduire au niveau de la mer la hauteur du baromètre.

M. Vinot a proposé d'organiser la prévision du temps pour le service de l'agriculture.

Ce projet est vivement combattu par plusieurs membres.

Tous cependant paraissent d'accord pour demander la réorganisation du service météorologique en France.

M. Alluard signale le nombre restreint de personnes connaissant assez la météorologie pour se charger de ce service dans l'étendue de la France.

Les seuls départements où le service soit bien fait, parce qu'il a à sa tête des hommes compétents, sont le Puy-de-Dôme, la Vienne et la Haute-Vienne.

Il faudrait que la météorologie fût comprise dans le programme de l'enseignement.

Nous vous communiquons, Chers Amis, ces observations, mais nous pouvons remarquer que le programme des études est bien chargé, qu'on a demandé même de l'alléger. La question revient donc à des études spéciales pour les élèves, suivant leurs aptitudes.

Nous apprenons des circonstances particulières que nous ne pouvons vérifier, concernant deux établissements météorologiques.

L'Observatoire du Pic du Midi, serait dans l'impossibilité de fonctionner utilement, parce qu'il est sans communication télégraphique avec Bagnères de Bigorre, malgré ses réclamations réitérées.

Et l'Observatoire du Puy-de-Dôme deviendrait sous peu Observatoire national et propriété de l'État.

8me SECTION.

Géologie et Minéralogie.

Nous vous avons, Chers Amis, exprimé notre satisfaction de l'importance donnée aux questions géologiques par les conférences qui ont inauguré le Congrès, et par l'ouverture de l'Exposition que la Société géologique de Normandie a organisée au Havre.

Dans la première séance de cette section, la Géologie normande a été de nouveau expliquée par le savant président de la Société géologique, M. Lennier.

M. Deslonchamps, de Caen, a présenté les premières parties de l'ouvrage qu'il a entrepris depuis longtemps et qu'il continue, ayant pour titre : *Le Jura Normand.* C'est une importante étude des étages jurassiques dans la basse Normandie.

M. Rolland-Banès, l'éminent ingénieur du Havre, a fait une communication en deux parties sur les moyens d'augmenter la richesse de la France, et sur la recherche de la houille.

M. Meurdra a développé des considérations sur le régime des eaux du Havre, et leur distribution par la Compagnie des Eaux dont il est le directeur.

M. Charles Quin a présenté un résumé d'observations nouvelles de géologie et d'ethnologie locales.

Il expose la nature du sol et des rivages du Havre. Le coteau se compose d'assises crétacées recouvertes d'une mince couche de dépôts quaternaires; les eaux de pluie filtrent à travers ces masses, par les fissures et la texture même de la craie, jusqu'à ce qu'elles rencontrent une couche plus compacte de roche ou d'argile qui les arrête et les déverse par les vides des flancs du plateau. Ce ne sont donc pas des eaux venant de sources profondes. Il faut un délai plus ou moins long pour que l'eau tombée ressorte ; mais à part les grandes sécheresses ou les grandes pluies prolongées, comme les plaines du pays de Caux forment ainsi un immense plateau aquifère par imbibition, l'écoulement se régularise et fournit un débit continu ; témoins, pour notre localité, les ruisselets si abondants de toute la côte, depuis Bruneval, Cauville, Bléville, Vitenval, Ste-Adresse, Tourneville, Mont-Joly, Graville, jusqu'à Gournay et St-Laurent. Si ces eaux étaient captées avec plus de soin, elles suffiraient aux besoins de tous les riverains et de toute la ville.

Quant à la plaine basse de l'Eure et du Havre, le sol se compose d'une succession de bancs de tourbe superposés et séparés par des couches d'argile vaseuse affaissées lentement. M. Ch. Quin a établi ainsi l'antiquité de ce rivage et des tourbes profondes, qui sont identiques à celles que les sondages ont signalées au fond du lit de la Seine, en remontant vers Rouen. Il a rappelé les peuples divers qui se sont succédés sur ce rivage, depuis les temps les plus reculés jusqu'à la création du Havre par François Ier, le 4 mars 1517. Cette antique existence du sol, ainsi que sa continuité, ont été aussi confirmées par la découverte dans les criques de l'ouvert du port, de débris, tant de barques primitives que de bâtiments plus modernes, avec des armes et objets divers, échoués sur ces bancs tourbeux, suivant l'observation faite par un savant membre de la section.

Les travaux de cette section ont été complétés par des considérations de M. Cotteau, sur les Cidaris du jurassique ; par celles de M Morière, sur le Lias du département de l'Orne ; de M. de Tromelin, sur les terrains paléozoïques de la Normandie, et de M. Grasset, sur la faune paléozoïque du bas Languedoc; enfin, de M. Pomel, sur la géologie de la Tunisie.

Dans une séance du soir, il a été présenté un travail de M. des Cloizeaux, sur une nouvelle espèce de feldspath.

Un mémoire du plus grand intérêt a été communiqué par M. Brylinski, du Havre, et M. Gustave Lionnet, du Havre, tous deux membres de la Société géologique de Normandie, sur les phosphates de chaux fossiles et leur origine. Ce document, que les auteurs se proposent de publier, est très important pour la géologie minéralogique, il ne le serait pas moins pour l'agriculture, et devrait être répandu dans nos campagnes, où les engrais font défaut.

M. de Saporta, président, a fait le résumé d'un travail de M. Grand'Eury, sur la formation de la houille.

Et M. Lécureur, secrétaire de la Société géologique de Normandie, a présenté, pour M. Varambaux, une notice sur le canton d'Eu.

Une étude savante de la diffusion de la chaleur dans les roches, a été développée par M. Jannetaz.

Et M. de Tromelin a fait une nouvelle communication sur les fossiles des cailloux roulés du trias, dans le Devonshire.

M. Barrois adresse une note sur la présence du terrain dévonien dans les Asturies, note qui a été l'objet d'observations de la part de M. de Tromelin.

Enfin, M. l'ingénieur Potier a communiqué les rapports envoyés par M. Lavalley, sur les explora-

tions géologiques relatives au chemin de fer sous-
marin entre la France et l'Angleterre. L'intérêt de
cet exposé s'augmentait de l'exhibition des plan,
coupe et sondages effectués pendant les campagnes
de 1875 et 1876; c'est une question du plus haut
intérêt que l'expérience, après la géologie, peut seule
résoudre. Trouvera-t-on un étage imperméable dans
la craie pour y établir le tunnel ?

9me SECTION.

Botanique.

Les travaux de la section de botanique ont vivement intéressé le Congrès, et les Sociétés spéciales
du pays ont suivi avec empressement les séances
dirigées en l'absence de M. Baillon, par M. Tison,
vice-président, et M. Dutailly, secrétaire.

M. Ebran, de Bruneval, trésorier des Cercles d'horticulture et de la Société d'Etudes diverses, a présenté
une superbe collection de plantes phanérogames
rares et intéressantes, des environs du Havre, et un
catalogue détaillé de ces plantes. Il a, en outre,
traité des variations éprouvées par les végétaux
en diverses circonstances. Dans ce travail, M. Ebran
fait ressortir les modifications dues à la station
d'une plante, suivant les divers milieux où elle se
rencontre, et il cite comme exemple remarquable
celui d'un *Anthyllis vulneraria*, croissant au bord
de la mer, et couvert de longs poils soyeux et blan-
châtres. Cette plante aurait pu devenir le type d'une
variété *sericea* pour un observateur moins sérieux,
qui n'aurait pas, comme M. Ebran, transporté cette

plante dans un autre milieu où il a pu, en deux ans, la voir revenir au type normal. Cette communication donne lieu à des observations intéressantes sur des modifications analogues subies par d'autres végétaux soumis à de semblables transplantations.

M. l'abbé Rouchy est d'accord avec M. Ebran pour repousser la théorie de M. Jordan, trop enclin à admettre des espèces nouvelles.

M. Dutailly traite avec science et clarté de la fleur mâle des Coudriers.

M. Charles Quin fait une communication technique sur les végétaux fossiles du pays, il explique leur mode de fossilisation et leur importance pour l'histoire de la terre, et la détermination des couches géologiques par l'introduction de cet élément nouveau de comparaison. Il indique avec soin les différentes assises où chaque espèce de ces végétaux fossiles doit être recherchée, et les contrées où ces mêmes couches peuvent être étudiées en Normandie.

VÉGÉTAUX FOSSILES.

Voici quelques passages de l'introduction qui précède le mémoire de M. Charles Quin :

Pénétré des savantes leçons des deux Brongniart, qui ont rattaché si heureusement la Paléontologie végétale à la Botanique et à la Géologie, nous nous sommes préoccupé des changements signalés dans la succession des flores à travers les temps, et des rapports ou différences qu'elles présentent, avec les espèces, les genres, les familles, et les classes qui composent l'ensemble du règne végétal à notre époque.

Ces changements se présentaient comme des passages à des types de plus en plus élevés, plus parfaits, plus complets.

Alors rapprochant ces perfectionnements des époques géologiques pendant lesquelles ils se manifestaient, nous nous sommes demandé s'il fallait les assimiler aux modifications signalées par la Zoologie, aux mêmes époques et dans le même sens progressif pour la série animale.

Peut-on en déduire, pour le règne végétal, la variabilité de l'espèce à travers les âges, ou soutenir sa permanence?

La végétation a-t-elle été uniforme, sur tout le globe, dans le cours de chaque période ancienne.

La plante a-t-elle précédé l'animal?

Où finit l'une, où commence l'autre?

Voilà les problèmes dont les végétaux fossiles peuvent faciliter la discussion.

Mais elle-même, la fossilisation, n'est-elle pas un fait des plus mystérieux?

Quelle est la cause de l'affinité singulière des végétaux pour le fer ou la silice, dont les curieuses manifestations se rencontrent dans les couches terrestres de tous les âges?

C'était un motif bien puissant pour étendre nos études locales, pour y convier les botanistes normands, dont le sol natal est si favorable.

Essayons, en quelques traits, l'esquisse stratigraphique de la Normandie po   l'horizon du Havre.

La Normandie offre l'affleu   ment successif de toute la série géologique; c'est, à ce point de vue, un monde complet en réduction.

Le Havre est placé au centre.

La composition du haut plateau se montre à nu dans les coupes verticales des falaises du rivage, toute la masse visible, sauf une mince couche superficielle quaternaire, est formée d'assises du terrain crétacé inférieur, sillonnées de bandes de silex noirâtres.

Ces assises présentent, le long du Havre, un léger relèvement vers l'Ouest.

Mais sur la rive opposée de la Seine et de la Manche, en basse Normandie, le relèvement des couches est plus prononcé.

Aussi, après avoir reconnu la craie cénomanienne à Honfleur, on voit successivement les formations inférieures surgir en quelque sorte de la mer, à mesure qu'on s'avance vers l'Ouest; c'est le kimmeridge à Villerville; le corallien à Trouville-Deauville; l'oxfordien, de Villers à Dives; le lias en face de Caen; la houille près de Bayeux; les terrains de transition au département de la Manche; enfin l'assise cristalline et les schistes à Cherbourg; le granit le long de la côte occidentale du Cotentin.

M. Charles Quin termine son mémoire sur les végétaux fossiles, par le vœu que les botanistes et les géologues normands forment une commission spéciale, une Société de Paléontologie végétale normande; elle serait reçue avec sympathie, comme une sœur, par les autres Sociétés; ce serait l'honneur du pays qui en aurait l'initiative.

M. Dutailly, le jeune et savant secrétaire, présente avec un zèle incessant, de nombreux travaux en son nom et pour divers botanistes, des recherches sur les stipules du houblon, de l'ortie, du rumex, etc., sur les inflorescences unilatérales des légumineuses, enfin sur le développement des feuilles composées.

M. Tison, président, explique les modifications que les feuilles de l'*Eucalyptus globulus* éprouvent après les premières années, et il fait connaître, au nom de M. Baillon, l'organogénie florale des Garrya, et celle des hydrocharidées. Ce sont des études complètes, mais tellement techniques qu'il serait difficile, sans planches et figures, de les faire saisir.

M. Corenwinder communique ses études sur les fonctions des feuilles. Il combat les théories en vigueur et ne croit pas qu'elles soient pourvues de deux modes de respiration, l'un pour le jour, l'autre pour la nuit. Le savant physiologiste de Lille résume ainsi sa théorie, fruit de longues études :

Les feuilles, par leur protoplasma, absorbent l'oxigène et exhalent constamment de l'acide carbonique.

Et par leur chlorophylle, elles inspirent au contraire, pendant le jour seulement, l'acide carbonique, et elles expirent de l'oxygène.

M. Ebran explique avec clarté la préparation des algues, M. Bourlet de la Vallée la dessiccation des plantes; M. Bourlet de la Vallée parle encore de la classification à adopter dans un jardin botanique. Celle du jardin Saint-Roch est due à son dévouement désintéressé.

M. Joly présente sous verre des specimens de tout âge du Doryphora decemlineata, ce nouvel et terrible ennemi de la pomme de terre; il propose d'engager les cultivateurs à former une ligue contre ce dévastateur, en les renseignant sur tout ce qui le concerne afin d'arrêter sa propagation.

Les travaux en séances sont suspendus pour que les membres puissent assister à la visite des jardins de Botanique et d'Arboriculture, qui sont peu étendus, mais tenus avec soin et profit pour l'Etude.

Des excursions sont faites également par la section, sur les rivages de la mer, et en outre dans les prairies de l'Eure et d'Harfleur.

Aussi nous n'avons pu suivre les démonstrations par M. Dalton de préparations anatomiques et microscopiques.

Au retour M. Leplé fait une communication sur le café, M. Lefebure sur la création d'espèces nouvelles, M. Beauregard sur les fruits du Daphné, M. Bougard sur l'acide phyllique, M. Dutailly sur la préface d'un dictionnaire de Botanique de M. Baillon.

Enfin, nous avons pu admirer les énormes grossissements de diatomées, présentée par M. Grenier. Les plus petits détails de ces végétaux (?) sont photographiés admirablement.

11me SECTION.

Zoologie.

Les travaux de cette section ont eu pour objet principalement des détails anatomiques dont il est difficile de rendre compte. Nous avons pu cependant entendre M. Quatrefages et M. Pouchet. Des communications intéressantes ont été faites par M. Noury sur l'Ornithologie Européenne ; par M. Sauvage sur la faune

Ichthyologique des eaux douces de l'Asie et en particulier de l'Indo-Chine, puis encore par M. Bureau, M. Beauregard, M. Barrois et M. Sabatier.

Et par M. Defromentel sur la revification des rotifères.

M. De Quatrefages a été nommé Président pour l'année 1878.

On a paru s'étonner d'une sorte d'abandon de cette section. Cependant le Havre possède un musée Zoologique, un aquarium auquel est joint un jardin Zoologique, et la ville, par sa situation, peut réunir et étudier, outre les espèces indigènes, les espèces de tous pays étrangers avec lesquels elle est en rapports continuels.

12me SECTION.

Anthropologie.

L'intérêt attaché à cette section s'est augmenté de la haute compétence des membres qui la composent et dont un certain nombre font partie de la société d'Anthropologie de Paris. M. le Dr Lagneau est nommé Président.

Il est adressé une note de M. Froment, donnant de curieux renseignements sur un temple antique dédié à Diane et sis à Desaignes (Ardèche) entre les vallées du Rhône et de la Loire.

M. le Dr Parrot donne des détails sur les déformations crâniennes. Il y retrouve les effets et les traces d'une maladie apportée en Europe lors de la découverte de l'Amérique et qui devait exister antérieurement au Pérou et à Guayaquil car elle déforme le crâne d'une manière typique et indélébile, et il l'a retrouvée par ces signes sur des crânes de ces pays.

M. de Quatrefages confirme ces conclusions par d'autres exemples.

MM. les docteurs Gibert, du Havre, et Lagneau, font diverses objections contre les données du docteur Parrot. M. Gibert ne voit pas comment il pourrait distinguer cette maladie des lésions rachitiques, chez les nombreux sujets qui lui sont soumis.

M. de Mortillet décrit, sur un plan du palais du Trocadéro, les locaux affectés aux sciences Anthropologiques à la future Exposition universelle; ce sont des galeries magnifiques dans les deux ailes.

De plus, la commission des sciences anthropologiques, présidée par M. de Quatrefages, est chargée d'organiser dans les cryptes de l'aile de gauche (ouest), une galerie de sépulture de tous les peuples et de tous les temps.

Le docteur Prunière rend compte de ses fouilles du Tumulus Dolmen de la Marconière (Aveyron); d'un autre Dolmen voisin, contenant des ossements et des armes, et il présente une rondelle crânienne qu'il a recueillie dans une autre fouille.

M. de Pulligny décrit des amas de silex qu'il a observés aux environs des Andelys (Eure), dont il ne peut encore donner l'explication précise.

On entend ensuite M. le docteur Bertillon, sur la démographie de la Seine-Inférieure.

M. Bourdet, du Havre, sur la pierre polie de la station de Lamerville.

M. Delcau, sur des légendes préhistoriques.

Enfin, une note sur des applications de la photographie.

M. Hampel traite du préhistorique en Hongrie.

Et M. Henry, de l'époque de la pierre chez les Nègres, qui ont dû aussi traverser cet âge.

M. Herebeque dit, qu'en effet, chez les nègres, le même mot désigne la pierre et la hache; cette similitude d'expression est une preuve du fait par la linguistique.

Et M. de Mortillet le confirme, en s'appuyant sur le général Faidherbe, qui a divisé l'Afrique en deux régions distinctes, celle du Nord, entièrement européenne par la faune, la flore et la linguistique, et celle du Sud, toute différente, où l'âge de la pierre a été signalé, notamment au Sénégal; M. John Evans a une collection de silex de cette région.

M. de Mortillet soulève à ce sujet la question de l'usage du fer. M. Evans et bien d'autres ont constaté que le fer a été employé dans le centre de l'Afrique, depuis les temps les plus reculés. Parmi les peuples sauvages, les nègres seuls ont été reconnus avoir eu l'usage habituel du fer.

Et chez les peuples civilisés, son usage remonte d'autant plus haut que le peuple est plus rapproché de l'Egypte.

Enfin, au point de vue métallurgique, c'est dans l'Afrique des nègres que se trouvent les minerais de fer les plus faciles à réduire.

M. de Mortillet entretient la section de l'étude faite par M. l'ingénieur Kerviller, des dépôts de la baie de Penhoët, qui pourraient présenter une sorte de chronomètre préhistorique, c'est-à-dire déterminer de longues suites d'années et de siècles, par la répétition des particularités qui signalent les séries de ces dépôts.

M. de Mortillet fait ressortir le peu de fondement qu'il faut faire sur une pareille chronologie; les strates existant peuvent être appréciées, mais de longues périodes de temps ont pu s'écouler sans laisser de trace de dépôts, de même que des couches déposées ont pu être enlevées ultérieurement.

M. de Mortillet fait connaître, en outre, une circonstance nouvelle : M. Sirodot, doyen de la faculté des sciences de Rennes, qui a tenu à vérifier par lui-même les alluvions de la baie de Penhouët, a constaté que de prétendus dépôts sont seulement des décompositions partielles de couches de gneiss.

Il y a donc de puissantes objections contre la théorie de M. Kerviller.

Le docteur Gibert, désireux d'élucider une question soulevée dans une précédente séance a présenté deux petits enfants; l'un très scrofuleux, aux membres contournés, n'a pas offert trace de la maladie héréditaire, étudiée par le docteur Parrot, et l'autre, atteint de cette maladie au plus haut degré, a le crâne déformé dans les données exposées par le docteur Parrot, dont les observations semblent ainsi confirmées.

M. Mello a parlé des cavernes quaternaires du comté de Derby. Les fouilles ont donné divers outils et instruments, dont le plus curieux est un fragment de côte de Renne, portant une tête de cheval très bien gravée.

M. le docteur Broca a fait la description complète du cerveau du Gorille.

Puis on a entendu MM. de Mortillet et Cartailhac; et M. Hamy a traité de l'ethnologie archéologique et crânienne de la Seine-Inférieure, et discuté la question avec MM. de Mortillet, Broca et Lagneau.

Le savant président, M. Lagneau, a communiqué ses recherches sur l'ethnologie de la France, et indiqué, d'après des documents historiques et anthropologiques, la répartition et l'immixtion des divers éléments ethniques ayant concouru à la formation de la population actuelle de notre pays.

A l'appui de ces considérations, il a présenté une carte ethnographique très développée, qui permettait de suivre l'exposé du savant orateur.

M. Lagneau a établi qu'en outre des principaux éléments ethniques des populations françaises — Aquitains, Ibères, Ligures, Celtes-Germains; il faut tenir compte des colons Grecs et Romains, principalement fixés dans les villes de notre littoral méditerranéen; de quelques tsiganes ou bohémiens, nomades ou fixes; de Sarrazins et Maures, disséminés dans quelques départements pyrénéens, et enfin, de Juifs, dont le nombre n'excède pas cent mille.

Pour établir ces origines françaises, à quels efforts d'imagination, à quelles recherches il a fallu que l'auteur se livrât.

Ensuite, M. Pommerol traite des instruments de pierre en Amérique, et M. Pomel, de la mer du Sahara.

Le docteur Topinard parle des anomalies de la colonne vertébrale; M. Chantre des nécropoles du premier âge du fer des Alpes françaises, et M. Rigaud d'une amulette crânienne.

Le savant professeur, M. Abel Hovelacque, présente une carte de l'indice céphalique en Gaule, et dans les régions limitrophes, depuis l'antiquité jusqu'à nos jours.

Enfin, M. de Tromelin s'étend sur l'ethnographie de la presqu'île de Batz (Loire-Inférieure).

Vous voyez que les séances de cette section ont été bien remplies ; plusieurs de ces travaux n'ont pu être lus et ont été seulement indiqués par le président.

Ont été élus pour l'an prochain : M. Bertillon comme président ; M. Prunière, M. Abel Hovelacque et M. de Mortillet, délégués, et M. de Mortillet, membre de la commission des subventions.

12me SECTION.

Sciences Médicales.

M. le docteur Courty, professeur à la faculté de Montpellier, a été élu président ; MM. les docteurs Lecadre oncle et Gibert, du Havre, Parrot et Gallard, vice-présidents ; MM. les docteurs Lafaurie et Brière, du Havre, Franck et Reclus, secrétaires.

M. Dransart, de Somain (Nord), a fait une étude spéciale d'une maladie, le Nystagmus (affaiblissement, spasme) de l'œil, que contractent les mineurs, dont la vue est dirigée alternativement en haut dans l'extraction de la houille, et qui est entretenue par le milieu où ils vivent.

M. Gayral présente un aérophore pulmonaire de son invention.

M. Franck fait remarquer que le spirophore de Woillez est plus physiologique.

Nous croyons que M. le docteur Roger, du Havre, avait proposé une sorte d'appareil de ce genre, applicable aux noyés.

M. Seguin discute l'uniformité en médecine, embrassant la nomenclature des médicaments, leur composition, les calibres des instruments usuels, les recueils d'observations.

Puis on entend M. Gallard sur des maladies utérines ; M. Reclus sur les luxations paralytiques du fémur, et M. Franck, pour M. Mazurel, de Lille, sur le traitement des nevropathies.

M. Lecadre, neveu, présente une étude de l'électrolyse dans le traitement des grand anévrismes

M. Franck communique en son nom et au nom de M. Troquart des recherches sur l'action des injections intra veineuses du choral, sur le cœur et la respiration ; puis une autre note sur les fausses intermittences du pouls.

M. Verneuil, l'illustre chirurgien, communique au nom de M. Petit, une étude sur les influences réciproques des maladies du système nerveux et des blessures.

La société des sciences médicales de Gannat, Allier, envoie à la section le compte-rendu de ses travaux pour 1876.

M. Dally traite de l'hystérie et de faits de délire malicieux, et M. Tessier de l'albuminerie d'origine nerveuse, au sujet de laquelle affection les membres de la section échangent de nombreuses observations.

M. Houzé de l'Aulnoit présente des études cliniques sur les amputations, et M. Potain parle sur les indications de la thoracenthèse.

M. le docteur Marjolin invite les membres de la section à se rendre, après la séance, au dispensaire de M. Gibert, dû à l'initiative privée et d'une organisation vraiment remarquable qui fait le plus grand honneur à ce médecin profondément dévoué.

M. le docteur Lecadre, oncle, à la séance du soir, discute un nouveau mode de propagation de la fièvre paludéenne qu'il pense avoir été apporté par les foins coupés, laissés exposés à la pluie sur les marais, et transportés sur les plateaux pour sécher.

M. Gibert interroge M. Leudet, de Rouen, sur ce sujet.

. Leudet a observé que les anciennes prairies ne donnent pas de fièvres, mais que sur les nouvelles prairies la fièvre intermittente n'est pas rare. Il ajoute que sur le plateau qui sépare la Seine du pays de Dieppe la fièvre intermittente se développe aussi. Mais là existent des nappes souterraines qui imbibent le sol et entretiennent, le soir, des brouillards qui s'élèvent à mi-hauteur d'homme, et auxquels les habitants rapportent la production de ces fièvres.

M. Leudet pense que la fièvre catharrale du foin n'a rien de commun avec la fièvre intermitente.

M. le docteur Gibert fait appel à de nouvelles recherches ; le corps du délit doit être isolé ; qu'on lave le foin suspect, qu'on l'examine au microscope et qu'on s'assure si, oui ou non, il y existe un organisme plus ou moins semblable à celui que M. Salisbury, de l'Ohio, a signalé et que cite M. Lecadre, une sorte d'algues, les palmellées dont la présence serait toujours constatée sur les terrains à fièvre.

M. Leudet fait une remarquable communication sur la relation qui peut exister entre l'hystérie et la tuberculisation pulmonaire.

M. Landowski lit une étude sur la climatologie algérienne qui présente, dit-il, les conditions les plus favorables pour l'hivernage des phthisiques. Mais l'étendue du pays comprend quatre climats. Il ne s'occupe que de celui des côtes qui a deux saisons, la chaude et la tempérée. La moyenne de la tempérée est pour novembre de 17°, pour décembre, janvier et février de 13°, pour mars de 14°, pour avril de 17°. Le minimum de toute la saison tempérée est de 10°, le maximum de 21°. Mais dans la saison chaude on a pour maximum 30° et pour minimum 15°.

De nombreux travaux se succèdent, présentés par MM. Neveu, Courty, Létiévant, Séguin et Gayral.

M. le docteur Brière, du Havre, lit un travail important sur les maladies des yeux au Havre et dans les environs, où elles sont plus fréquentes qu'à l'intérieur de la France. Elles tiennent plus à de mauvaises conditions hygiéniques qu'au voisinage de la mer. De nombreuses observations sont échangées sur ce travail.

M. Galezowski, M. Lancereaux, M. Verneuil et M. Dumontpallier présentent d'importantes communications, ainsi que M. Franck au nom de M. Fredet de

Royat, et M. Le Tripier et M. Sounthey, en leur nom, et M. Leplé au nom de M. Marduel, de Lyon.

M. le docteur Gibert fait des observations sur le travail de M. le docteur Southey, concernant l'appareil qui y figure, système de drains avec tubes capillaires dans l'anasarque (sorte d'hydropisie).

M. le docteur Gibert fait un rapport sur la scrofule au Havre.

Ce rapport est très développé et donne lieu à une discussion importante ; sa conclusion est consolante pour le Havre. Les nombreuses guérisons seraient dues à l'air de la mer.

M. le docteur Dero, du Havre, présente des observations très intéressantes sur des cas d'empoisonnements par le pétrole, qu'il a rencontrés au Havre. Leur fréquence appelle l'attention, surtout pour notre ville qui est un entrepôt important de ce produit, dangereux aussi sous d'autres rapports.

M. Lalesque confirme les conclusions de M. Dero et ajoute aux cas qu'il a signalés une très remarquable observation publiée dans la *Province Médicale*, de Bordeaux.

Les séances se succèdent matin et soir ; on entend M. le docteur Fauvel, du Havre, sur la suture des os, le malade présenté ; M. Bouteiller sur la statistique médicale, M. Mourgues, M. Henrot, M. Aubert, M. Ollier, M. Brame, M. Dagréve, M. Ledouble, M. Franck, M. Topinard, M. Baraduc, M. Cazeneuve et M. Livon ; puis M. Verneuil dont les savantes observations intéressent vivement les membres de la section.

M. Poncet fait une communication fort intéressante concernant l'influence de la castration sur le développement du squelette et du corps en général.

D'après ses expériences sur le lapin, les sujets deviennent beaucoup plus longs, plus volumineux, surtout au tronc postérieur.

M. Verneuil fait remarquer que les vétérinaires devraient donner, à ce sujet, des renseignements précis; certains faits paraissent contradictoires ; c'est ainsi que les bœufs paraissent plus grands, d'un développement bien supérieur à celui que présentent les taureaux, tandis que les chevaux hongres semblent au contraire moins beaux, moins forts et moins hauts que les chevaux entiers.

M. Courty fait en son nom, et au nom de M. Charpentier, une communication sur les effets cardiovasculaires des excitations des sens.

Ils ont voulu voir quelle était la part du cerveau. Ils ont soit détruit, soit isolé, soit anémié le cerveau proprement dit, et dans tous les cas aucune excitation sensorielle ne produisit de réaction.

Au contraire, l'excitation d'un nerf de sensibilité générale, comme le sciatique, produisait les effets ordinaires sur la circulation.

Donc les sens par eux-mêmes n'agissent pas sur la circulation, mais c'est le cerveau qui, entrant en activité par l'intermédiaire des sens, modifie d'une manière variable, d'une part le fonctionnement du cœur par l'intermédiaire du pneumogastrique, d'autre part l'état des vaisseaux.

13ᵐᵉ Section.

Agronomie.

La section a nommé pour président M. Peligot, membre de l'Académie des sciences.

Vice-présidents, M. Dehérain et M. de la Blanchère.

Secrétaires, MM. Livache et Renouard.

Elle a désigné pour 1878 M. le baron Thénard comme président.

M. Barral pour délégué.

Et M. Peligot membre de la commission des subventions.

Avant la première séance, des membres de la section d'Agronomie et de la section de Botanique ont été visiter, au square St-Roch, le jardin botanique et d'arboriculture du Cercle pratique d'horticulture du Havre, où se trouvait M. Rolland-Banès, adjoint, et M. le vice-président de la Société centrale d'horticulture de France.

Ces jardins de Botanique et d'Arboriculture, admirablement tenus, ont intéressé vivement les visiteurs qui ont félicité M. Bourlet de la Vallée sur le zèle désintéressé qu'il a mis à leur organisation.

M. Corenwinder a ouvert les travaux de la section par un exposé de ses recherches sur l'acide phosphorique dans les terres arables, qui nous ont fort intéressé car nous avons eu occasion de l'étudier dans des terrains défrichés nouvellement.

M. Ladureau a parlé de la composition de la laine et sur un parasite, fléau du lin dans le Nord de la France, puis sur la culture de la betterave.

M. Renouard a signalé la valeur agricole des eaux de rouissage.

M. de la Blanchère a expliqué le régime des aquariums anglais au point de vue des expériences scientifiques qu'ils ont facilitées.

M. Corenwinder a encore traité de la valeur agricole du panais, trop négligé.

M. Dehérain de l'avoine et du maïs-fourrage, cultivés à l'école de Grignon qu'il dirige, et encore d'expériences sur la germination.

Et M. Baillou de perfectionnements dans le traitement du phylloxera par le sulfure de carbone.

M. Mourgues présente de hautes considérations sur le rôle de la révolution cosmique et du parasitisme dans les maladies épidémiques des végétaux.

M. Bordly a fait connaître les travaux de la Société des sciences et arts agricoles et horticoles du Havre, dont il est président. Il a résumé les observations faites sur les cultures de la plaine de l'Eure après l'inondation récente et les études sur les engrais chimiques, particulièrement les habiles applications de M. de La Londe. Il a présenté plusieurs statistiques, et surtout celle de l'exportation des fruits par le port du Havre.

Et le savant chimiste de Fécamp, M. Marchand, lit un mémoire sur la situation agricole dans le pays de Caux, travail plein de précieux renseignements.

Nous rappelons que nous aurions voulu voir présenter encore à cette section, qu'il intéresse également, le mémoire sur les phosphates de chaux fossiles de MM. Gustave Lionnet et Brylinski, du Havre, lus à la section de géologie.

14ᵐᵉ SECTION.

Géographie.

Les travaux de cette section étaient dirigés par M. Levasseur, membre de l'Institut, président du conseil de la Société de géographie de France ; M. Charles Maunoir, secrétaire général de ce conseil, et M. Charles Hertz, membre du même conseil, étaient délégués de cette Société auprès du Congrès.

Les fonctions de secrétaire étaient remplies par M. Hureau de Villeneuve.

M. Maunoir a été élu président pour 1878.

M. Capitaine, délégué par la Société de géographie commerciale, a présenté des considérations sur cette Société, en exprimant le désir d'en voir établir une au Havre, dans le genre de celle fondée à Paris, où une commission ou section de la grande Société de Géographie, s'est constituée en Société particulière de Géographie commerciale.

M. Borély a appuyé ce vœu, en rappelant que, depuis longtemps déjà, la Société havraise d'Études diverses a pris l'initiative de programmes d'enseignement commercial, dont l'utilité au Havre est incontestable.

M. Hertz a lu ensuite une intéressante relation du voyage de M. Bonnat à la Côte-d'Or.

M. Gravier a présenté un travail sur la géographie de la Seine-Inférieure au temps des Romains, et sur la question de l'emplacement de l'ancienne capitale des Calètes : Est-ce Lillebonne, Julia-Bona ; est-ce Caudebec ?

M. Gravier se prononce pour Caudebec (après M. le docteur Gueroult de cette dernière ville).

M. le général Parmentier et M. Georges Renaud ont traité de l'orthographe dans les noms géographiques.

M. de Varigny décrit les îles Hawaï qu'il a longtemps habitées.

M. Coquelin, armateur au Havre, lit une note sur l'émigration et la colonisation, et critique vivement les procédés de l'administration.

Il demande la liberté pour des Sociétés particulières.

Des idées diverses sont échangées sur ce sujet.

M. l'abbé Durand a lu deux études, l'une sur le Monténégro, l'autre sur la Guyane française comparée au Brésil sous les rapports agricole, industriel et commercial. Il s'est surtout efforcé de faire justice des idées fausses et préventives dont la Guyane française serait l'objet au point de vue climatérique et sanitaire.

M. Hureau de Villeneuve a traité de la colonisation de l'Algérie, au moyen des enfants assistés de France.

M. Pomel, sénateur d'Oran, discute cette question.

M. le commandant Perrier traite de la détermination des longitudes.

M. Maunoir fait l'historique des derniers voyages au Thibet.

M. Perquier fait connaître les routes à travers l'Asie centrale.

M. Botkine, du Havre, s'occupe de la géographie des Saxons.

M. de Marsy, de l'exposition rétrospective frisonne.

M. Descamps, de l'utilité des voyages comme complément d'éducation.

M. Lavalley, l'habile ingénieur du canal de Suez et du futur tunnel de la Manche, examine un projet qui intéressera le Havre :

C'est la création d'un port et d'un chemin de fer dans l'île de la Réunion, qui ne possède encore ni l'un ni l'autre de ces avantages.

La section termine ainsi ses utiles travaux.

15ᵐᵉ SECTION.

Economie Politique.

La section nomme M. Clamageran président pour cette session.

M. Frédéric Passy est élu président pour 1878, et M. E.-M. Alglave délégué.

M. Milet expose les phénomènes économiques dont le Brésil aurait été le théâtre de 1865 à 1870, durant la guerre contre le Paraguay.

Ces déductions sont vivement combattues par MM. Clamageran, Alglave et Nottelle.

TRAITÉS DE COMMERCE.

M. Rozy fait une communication sur le renouvellement des traités de commerce ; M. Nottelle appuie ses conclusions, et dit que si le protectionisme crée des priviléges au profit de quelques industries qui donnent aux matières leurs premières transformations, il est une entrave pour toutes les industries qui impriment à ces matières leurs préparations successives.

M. Dubard fait une communication sur les tendances économiques de l'Europe; c'est, en d'autres termes, la suite de la discussion qui précède, et à laquelle prennent part M. Frédéric Passy, membre de l'Institut; M. Philippe, ingénieur; M. Droz, avocat, et M. Klipffel, juge au Tribunal de Commerce de Béziers.

M. Clamageran termine la discussion en disant que le rôle des Économistes est de poser des principes théoriques, et que c'est au législateur de prendre les mesures pratiques.

Cependant les mêmes principes sont encore débattus à l'occasion de la communication faite par M. Droz, avocat, sur les mesures législatives à prendre dans l'intérêt de la marine marchande.

MM. Millet, Dubar, Notelle, Frédéric Passy, Rozy et Gachassin-Laffitte échangent leur idées diverses sur ces questions.

M. Clamageran, président, rectifie certaines plaintes exagérées et présente quelques chiffres authentiques :

Pour la navigation à voiles, la France vient au cinquième rang, avant l'Espagne, la Grèce et la Hollande, mais après l'Angleterre, les États-Unis, la Norwège.

Pour la navigation à vapeur la France est au troisième rang après l'Angleterre et les États-Unis, et avant l'Allemagne.

La marine américaine comptait, en 1869, 12 millions de tonnes ; elle n'en compte plus que 7 en 1876, depuis la protection.

Si provisoirement les subventions sous forme de primes sont nécessaires, elle ne doivent pas être prolongées, car elles feraient renaître le protectionisme.

M. Alvin, président de l'Académie de Bruxelles, discute une thèse qui intéresse les rapports entre les peuples, savoir : LES ÉCHANGES INTERNATIONAUX DES PRODUCTIONS INTELLECTUELLES.

Tous les Economistes de la section applaudissent à l'exposé de l'éminent Académicien dont le système reçoit son application par le Congrès même.

Musées Cantonaux.

M. Groult, avocat, appelle l'attention sur les Musées cantonaux. Ce rapport est extrêmement étudié, très substantiel et plein d'intérêt. Nous croyons chers amis, devoir vous transmettre ce qui nous a le plus frappé.

Sa formule est : *Voir, c'est savoir.*

Les Musées cantonaux s'adressent aux adolescents et aux hommes faits. Toutes les sciences, tous les arts, toutes les industries y sont représentés. Ils constituent un nouveau mode d'instruction et d'éducation populaire où tous les éléments des connaissances utiles sont réunis *gratuitement* et s'apprennent sans difficulté.

L'agriculture y trouve les spécimens des animaux qui lui sont utiles ou nuisibles, les modèles de machines perfectionnées, etc.;

L'industriel les matières premières et les objets fabriqués ;

Le marin ce qui concerne la navigation et la pêche ;

Le villageois tout ce qui peut lui faire connaître plus intimement sa commune;

Les visiteurs apprendront à concevoir l'ensemble de la contrée et les phénomènes physiques qui la caractérisent, etc.

Ces musées cantonaux comprennent les objets dont le renouvellement s'impose par leur nature, etc.

Ils ont aussi une partie fixe en rapport avec les notions locales, zoologiques, botaniques, géologiques, archéologiques et historiques.

Ils diffèrent donc également des Musées des villes et des Musées scolaires et particuliers.

Pour réaliser ce vaste programme, il ne s'agit pas de suspendre aux murailles un certain nombre de dessins ou gravures, ou d'objets excitant la curiosité, mais il importe de créer dans chaque canton des Sociétés de cinq à six membres, *volontaires de la science*, pour organiser ce Musée, l'administrer et préparer les progrès qui en résulteront, par des lectures ou de simples causeries et des promenades instructives dans les environs.

Tel est à peu près le plan que M. Groult a développé et que nous tenons à vous faire bien saisir, non sans une arrière-pensée de propagande scientifique bien modeste.

La mission que M. Groult s'est imposée mériterait d'être encouragée; elle a frappé de bons esprits, et un publiciste éminent de la presse du Havre a annoncé

les sont, dans ces deux parties, les institutions dans lesquelles la France conserve sa supériorité. Il fait ressortir la différence qui existe entre l'éducation proprement dite, qui a pour but la formation du caractère, et l'instruction qui s'occupe de développer l'intelligence. Ces deux points ont été traités d'une manière admirable dans les derniers siècles par nos grands écrivains français ; les procédés et les méthodes qu'ils ont combattus comme pernicieux et ceux qu'il ont préconisés constituent la véritable science pédagogique dont les nations européennes se sont emparées pour en faire l'application dans leurs écoles. La France, qui a eu la gloire d'en établir les principes, s'est laissée depuis devancer dans l'application. C'est notre bien qu'il faut reprendre.

Nous ne vous redirons pas, chers amis, les développements dans lesquels M. Hippeau est entré, car on peut les étudier dans les écrits qu'il a publiés. Nous vous dirons seulement que son système consiste à donner aux élèves, jusqu'à l'âge de douze ans, une instruction comprenant les sciences naturelles et physiques, la géographie, l'histoire et les langues modernes.

Ce n'est qu'après avoir consacré au moins quatre ans à ces études préparatoires, aux *Leçons des choses*, qu'il leur ferait apprendre le latin (et le grec).

La véritable méthode, pour les langues vivantes, consiste à apprendre d'abord à parler la langue, pour arriver ensuite à en apprendre la grammaire. C'est au surplus la cause du succès de l'école Monge (de Paris), qui se conforme à ces principes.

Observons, chers amis, que ces mêmes principes sont appliqués au Havre, dans l'école Casimir-Delavigne, créée depuis trois ans, et qui suit la méthode naturelle définie par M. Hippeau; aussi cet établissement en a obtenu les résultats les plus satisfaisants.

M. Hippeau a expliqué, en outre, les conditions spéciales d'une autre institution, établie au Vésinet, près Paris, dont le maire, M. Palla, s'occupe de faire un centre d'instruction complet. Les élèves externes seraient logés dans les familles du voisinage choisies par les parents. C'est l'application d'un système pratiqué en Angleterre, et dont l'expérience se fait encore au Havre même, chers amis, dans un autre établissement, dont la section s'est occupée comme nous allons le dire.

M. Hippeau a demandé ensuite la création d'une section distincte consacrée aux travaux sur l'enseignement, sous le titre de *Section d'éducation et d'enseignement.*

Ce vœu a été adopté à l'unanimité, et la section d'économie politique a chargé M. Frédéric Passy, son président pour 1878, de soutenir cette demande au sein du Conseil de l'Association française.

ÉCOLE SUPÉRIEURE DE COMMERCE DU HAVRE.

Dans cette section d'économie politique, il a été donné communication par M. Jacques Siegfried, président du Conseil d'administration de l'École supérieure de commerce du Havre, d'un rapport du plus haut intérêt sur cet établissement, qui satisfait,

qu'il se propose d'en faire une étude spéciale que nous lirons avec intérêt.

Rétablissement des Tours.

M. Lefort, avocat à Paris, lauréat de l'Institut, fait une communication importante sur le rétablissement des Tours.

Il développe les résultats heureux que donnerait cette mesure et fait le triste récit des crimes nombreux qui ont suivi la suppression.

M. Frédéric Passy n'est pas de cet avis; il croit que les infanticides ou avortements diminueront.

M. le docteur Marjolin, au contraire, appuie les conclusions de M. Lefort ; il est inhumain d'empêcher la femme qui a été faible ou victime de cacher son malheur ; il faut conserver l'honneur de la mère et sauvegarder la vie de l'enfant.

Monts-de-Piété.

M. Bouvet présente une étude sur les Monts-de-Piété et indique quelques mesures pour rendre moins onéreuses les conditions du prêt. Se prononçant contre la liberté de ces établissements, il croit qu'ils doivent être fortement organisés, monopolisés et protégés.

Chemins de fer.

M. Philippe parle sur le régime économique des chemins de fer, sur l'achèvement des grandes lignes et des lignes d'intérêt local.

Il fait ressortir que la prétendue concurrence entre les compagnies en Amérique et en Angleterre a conduit forcément à la fusion effective ou déguisée ; il faut aussi prémunir contre les chemins à voie étroite.

M. Vauthier discute la même question à un autre point de vue.

M. Droz signale l'omnipotence des compagnies qu'il faudrait subordonner à l'autorité protectrice.

M. Rozy s'occupe surtout des chemins de fer d'intérêt local, qui pourraient contrebalancer cette omnipotence. Il y a eu des illusions, mais il ne faut pas désespérer de ces petits chemins appelés à grandir et dignes de tout intérêt.

Enseignement

M. Serrurier, directeur de l'École Ste-Marie, du Havre, entretient la section de la bibliothèque pédagogique qu'il a fondée dans son école, afin de permettre à ses professeurs de développer leurs connaissances et de faire l'étude des meilleures méthodes d'enseignement.

Nous faisons observer sur ce second point que les programmes d'enseignement public sont fixés par le Conseil supérieur de l'Instruction publique sur lequel il faut agir.

Nous avons encore, chers amis, entendu développer dans cette section, par M. Hippeau, les questions relatives à l'éducation.

Le savant professeur honoraire de la Faculté avait été étudier ces problèmes aux États-Unis et en divers pays de l'Europe. Il a pu juger de ce qu'il conviendrait d'emprunter aux Nations étrangères, en ce qui concerne l'Éducation et l'Enseignement, et quel-

sur beaucoup de points, aux vœux que je vous ai signalés, formés par la section de Géographie.

En voici quelques parties que nous avons pu recueillir, et qui vous inspireront le désir de connaître l'ensemble des hautes considérations présentées par un homme pratique :

Les mœurs commerciales de la France ont été déjà grandement modifiées par les chemins de fer, les bateaux à vapeur, les télégraphes et les traités de commerce, qui sont appelés à produire encore de nouveaux changements.

Lorsque notre pays vivait sous le régime de la protection proprement dite, notre commerce était presque entièrement intérieur. L'industrie française produisait à peu près tout ce dont nous avons strictement besoin, et le rôle du négociant se bornait à servir d'intermédiaire entre la production et la consommation nationales.

Nos échanges avec les pays étrangers, restreints aux matières premières, que nous étions dans l'impossibilité de produire nous-mêmes, et aux marchandises que les étrangers ne trouvaient pas ailleurs que chez nous, se faisaient par l'intermédiaire d'un petit nombre d'armateurs qui en avaient en quelque sorte le monopole.

Ce haut commerce était réglé presque uniquement par l'état de nos marchés intérieurs; il subissait à peine l'influence que les circonstances générales exerçaient sur ces produits à l'étranger.

Il suffisait à cette époque de bien connaître le marché français pour être un bon commerçant.

Aujourd'hui, les choses sont complètement changées ; les progrès de la civilisation rendent les nations de plus en plus solidaires les unes des autres.....

Les jeunes gens qui se destinent aux carrières commerciales ont besoin d'une préparation très étendue ; il faut qu'ils soient non-seulement à même de s'occuper des affaires françaises proprement dites, mais encore qu'ils connaissent celles de l'étranger. Ils doivent savoir ce que chaque pays produit ou consomme ; de quels échanges se compose son commerce extérieur ; par quelles voies de communication ces échanges s'effectuent ; quels obstacles leur opposent les tarifs de douane ; quelles facilités leur procurent les traités de commerce. Il est nécessaire qu'ils puissent se rendre compte des prix de revient, et pour cela qu'ils soient au courant des poids, monnaies et mesures des principaux pays et des questions d'arbitrages. Il faut qu'ils ne soient pas étrangers aux questions de droit et de finances, qui prennent une si grande place dans le monde moderne.......

On a senti la nécessité de créer des écoles supérieures spéciales, qui seraient pour le commerce ce que sont pour d'autres carrières l'école centrale, l'école de droit, l'école de St-Cyr, ou l'école polytechnique. Le Havre, en 1871, et quelques autres grandes villes, ont ouvert chacune leur école supérieure de commerce. On peut ajouter l'école supérieure de commerce de Paris, fondée par Blanqui, plus anciennement.

Chose digne de remarque, partout l'initiative de ces créations a été prise par les négociants eux-mêmes; les négociants du Havre ont réuni plus de 200,000 fr.

Ces écoles se sont toutes constituées sur le même modèle, elles ne diffèrent que par certains cours accessoires, inspirés par des besoins locaux; par exemple au Havre, le cours d'armement; à Marseille, le cours d'arabe.....

L'Ecole supérieure de commerce du Havre est administrée par un conseil composé d'armateurs, de négociants et de banquiers, elle est dirigée par un ancien et honorable négociant, connu par ses publications d'enseignement commercial.

Les cours sont de deux ans; les élèves sont admis dès l'âge de 15 ans, mais l'âge moyen des élèves qui fréquentent l'école est de 17 à 18 ans. Ils sont logés dans des familles que le directeur leur indique.

A la fin de la deuxième année d'études, les élèves passent un examen sérieux, et ceux qui ont subi cette épreuve d'une manière satisfaisante reçoivent un diplôme qui les recommande à la confiance des chefs de maisons de commerce.

Le bureau commercial forme la base de l'enseignement. La première année comprend les notions élémentaires du commerce et de la comptabilité...... Dans la deuxième, les élèves dressent des bilans et des inventaires. Ils se familiarisent avec les opérations de changes et d'arbitrages, les prix de revient, les usages du commerce dans les principaux pays du monde. Ils simulent des opérations commerciales et financières.

La *Géographie Commerciale* est traitée d'une façon complète. Elle a pour objet la production agricole,

minérale et manufacturière des différents pays, les
centres manufacturiers et commerciaux, les ports
de mer, les chemins de fer, les rivières et les canaux,
les importations et les exportations ; en un mot, le
commerce du monde entier....

Pour initier à l'étude des marchandises et des
matières premières, aucune ville n'est plus favorisée
que le Havre, qui est un entrepôt universel........

Les élèves visitent les quais, les magasins, les
docks, sous la conduite et les enseignements d'un
courtier.

La législation commerciale comparée leur est en-
seignée par un avocat.

Les cours d'armement sont faits par un savant
ingénieur.

Trois langues étrangères sont professées par des
maîtres de chaque nationalité, au point de vue pratique, plutôt qu'au point de vue littéraire.

Tel est, chers amis, l'utile établissement dont il
a été rendu compte à la section d'économie politique.

C'est le couronnement de l'école d'apprentissage et
de l'école industrielle que la ville entretient.

Société Havraise d'Etudes Diverses

Avant la clôture de la session, une séance extraordinaire a été tenue en l'Hôtel-de-Ville, par la
Société havraise d'Etudes diverses, en présence d'un
certain nombre de savants du Congrès.

M. le docteur Maire, président de la Société, en a
fait l'historique en peu de mots, indiquant le but

scientifique et littéraire qu'elle poursuit depuis près d'un demi siècle sans interruption.

L'un de ses membres, M. Charles Quin, a rappelé, comme ayant fait partie du comité local, que c'était surtout à l'initiative heureuse de l'un des présidents de la Société, qu'était due l'idée première de la réunion au Havre du Congrès de l'Association française pour l'avancement des sciences.

La présence de plusieurs membres de la section de météorologie amène la reprise des projets d'installation, au Havre, d'un service météorologique.

Plusieurs membres de la Société, entre autres M. Lemaître et M. Botkine, en son nom et au nom de M. Bourdet, se déclarent prêts à participer à cette œuvre.

M. de Fonvielle appuie la proposition de M. Lemaître et promet son concours. Il fournit pour cette création des renseignements utiles.

M. Letellier s'associe à l'idée de M. Vinot, pour la mise en circulation d'instruments divers qui faciliteraient les travaux.

M. Hamy, attaché au Muséum de Paris, fait ressortir l'importance des collections ethnographiques réunies au Musée-bibliothèque de la ville, que le bibliothécaire en chef a signalées et fait admirer. Il y a, notamment, celle donnée par la famille Delessert, comprenant une série d'objets à l'usage des habitants de l'Océanie, et qui pourraient provenir de l'expédition d'Entrecasteaux, en partie, et des voyages plus récents de M. Eugène Delessert.

Diverses autres communications scientifiques auxquelles prennent part, notamment M. Hertz et M.

Capitaine, de la Société de Géographie commerciale, terminent la séance.

Résumé.

Faisant un retour en arrière, on reconnaît que les travaux du Congrès ont déjà satisfait en grande partie aux trois *desiderata* exprimés par M. le maire du Havre, en la séance d'ouverture :

L'application du pétrole au chauffage des machines ;

L'emploi de l'électricité, tant comme force motrice que pour l'éclairage ;

Un enduit préservateur à bon marché pour les carènes des grands steamers.

1° Le rapport concernant la Compagnie transatlantique constate que le pétrole a été employé comme combustible pour les machines des grands steamers, suivant le procédé mis en pratique, avec succès et économie, par M. Eugène Péreire, président de la Compagnie, et aussi savant ingénieur. Il fait fabriquer, dans les ateliers de St-Nazaire, des agglomérés de menu charbon mélangé avec du pétrole, et il en obtient à poids égal un pouvoir calorifique supérieur à celui du meilleur Cardiff ;

2° De ce même rapport il résulte que l'électricité est employée sur les paquebots de cette Compagnie, pour les éclairer et les signaler au loin ; l'éclairage électrique pour les phares a reçu chez nous l'application la plus splendide. Sur nos chantiers il n'y a plus de nuit.

Pour les villes et les intérieurs, on touche au succès.

L'emploi de l'électricité, comme force motrice, est un problème plus complexe qui continue à être étudié. Les machines Lenoir et autres l'ont résolu pratiquement dans des proportions encore trop faibles; on est donc sur la voie;

3° Quant à un enduit préservateur des carènes, outre le travail communiqué par M. l'ingénieur Bergeron, en la troisième section, nous pouvons rappeler que, déjà en 1868, lors de l'exposition maritime du Havre, un revêtement bitumineux particulier fut présenté et appliqué, même sur de grandes proportions; mais il faut encore des perfectionnements qui satisfassent à toutes les conditions requises; on étudie notamment l'application de la propriété du fer, dit magnétique, d'être inoxidable.

Bien d'autres vœux ont été formés, la science les a recueillis.

Une voix unanime a proclamé le zèle des savants, leur ardeur à soutenir, matin et soir, le poids de longues et sérieuses conférences, où l'état le plus avancé de la science était présenté et discuté encore pour ajouter à ses progrès.

Outre l'importance exceptionnelle des travaux de la section de navigation, dont le Havre s'est montré le juste appréciateur, comme le plus intéressé, nous avons remarqué ceux des sections de physique, de géologie, de botanique et d'anthropologie, qui honoreront le Congrès.

La section des sciences médicales a été des plus actives; les travaux ont dignement répondu à la célébrité de ses membres.

Les questions les plus élevées ont été discutées dans la section d'Economie politique :

Traités de commerce, libre échange, marine marchande, musées cantonaux, rétablissement des tours, monts-de-piété, chemins de fer, enseignement, Ecole de commerce, ont été l'objet de rapports qui resteront comme des monuments de science et de patriotisme.

La séance extraordinaire, tenue par la Société havraise d'Etudes diverses, comme nous l'avons dit à la clôture de la session, a permis d'examiner avec les membres étrangers du Congrès qu'elle réunissait, des questions importantes d'Ethnographie, de Géographie, d'Enseignement, de Commerce maritime, et de préparer, en outre, les bases de l'organisation d'un service météorologique au Havre.

Le Congrès, qui avait ouvert le jeudi 23 août, n'a interrompu ses travaux que deux jours, le dimanche et le mardi, par des excursions à Fécamp et à Lillebonne, qui avaient surtout un but archéologique. Vous connaissez, en effet, chers amis, tout l'intérêt que présentent le théâtre romain ainsi que les autres antiquités de Julia-Bona, et la célèbre abbaye bénédictine de Fécamp.

Le château de Tancarville et les manufactures de Bolbec, ainsi que les falaises pittoresques d'Etretat, avaient au passage arrêté les savants, et partout, les habitants comme les autorités avaient offert à leurs visiteurs l'accueil le plus empressé. Les établissements les plus importants de ces villes, comme ceux du Havre, avaient ouvert leurs portes, et les chefs s'étaient empressés de montrer et expliquer lès travaux de leurs usines, dans tout l'attrait de la pleine activité.

Concevez, chers amis, quelles occasions précieuses étaient offertes pour étudier les secrets de l'Industrie, pour admirer ses merveilles. Je ne pourrais vous décrire toutes ses richesses et ses splendeurs, les filatures, les usines à extraire les produits tinctoriaux, à désargenter le plomb, à fabriquer le gaz d'éclairage, les fonderies de métaux, les chantiers de construction, les cités ouvrières, les cercles d'ouvriers, les écoles, le lycée, les musées, la bibliothèque, les cercles, les ateliers de la Méditerranée et ses chantiers, dirigés par le savant ingénieur, M. Cazavan; ceux de MM. A. Normand et Nillus.

Lès docks, les magasins généraux, la douane et sa belle caserne où les familles réunies forment une petite ville, les bassins, les quais, les formes de radoub, l'immense cale sèche, les grands appuraux de la chambre de commerce, les installations de sauvetage, les navires en construction, le lancement d'un aviso, le marégraphe, les signaux, les phares d'où l'électricité projette sa lumière, le téléphone à vapeur, le télégraphe;

Et les fonderies de canons, le tir de pièces monstres, les visites au *Belgrano* et autres beaux navires de la Compagnies des Chargeurs Réunis, aux grands paquebots de la Compagnie Transatlantique et à l'escadre cuirassée de Cherbourg, que l'Etat avait envoyée en rade du Havre en l'honneur du Congrès et dont les salves réveillaient les échos des falaises.

Cé n'était pas seulement le spectacle des yeux, c'était le génie de l'homme mettant en action toute sa puissance, toutes les ressources de son industrie, toutes les créations de la science.

Fêtes.

La population entière avait secondé les efforts de la municipalité. Toute la semaine les maisons et les navires étaient pavoisés, concerts dans les squares et à l'aquarium, illuminations générales, fête Vénitienne d'un charme inouï, le soir, sur le bassin du commerce; réception splendide au magnifique paquebot *La France*, de la compagnie transatlantique, dont le président et le directeur firent les honneurs avec une affabilité et une libéralité sans égales.

A l'Hôtel-de-Ville aussi, réception gracieuse signalée par l'éclipse totale de lune qui datera cette fête mémorable.

Mais ce que l'on ne peut assez louer et apprécier, car il faut que la science, notre but, reprenne ses droits, c'est l'organisation si digne, si noble du Congrès, de ses quinze sections et de tous ses services réunis dans ce même palais municipal, dans ses vastes salons, dans les nombreuses salles aménagées avec un soin extrême pour les grandes réunions, pour les séances particulières de toutes les divisions scientifiques, et pour l'assemblée générale tenue dans l'immense salle des Fêtes où a eu lieu la clôture du Congrès le jeudi 30 août, après une semaine entière de travaux.

Conclusion.

C'est en effet à ce groupement préparé par les soins du comité local, et la libéralité du Conseil municipal et de l'Administration, à cette concentration intelligente qu'a été due la facilité pour chaque savant de suivre sa section et de continuer la discussion des sujets complexes dans les autres classes ; de pouvoir apprécier l'ensemble des travaux, réunions et conférences, en passant de l'une à l'autre à l'heure fixée ; enfin pour les nombreux savants de tous les pays étrangers accourus au Congrès de prendre part, comme nos nationaux, et de nous faire participer à l'étude des hautes questions scientifiques qui préoccupent les peuples des deux mondes.

Aussi le Congrès de 1877, et la presse l'a reconnu, sera l'honneur du Havre, comme il a été pour les savants de la ville, de la France et de l'étranger, la réalisation du vœu formé à la dernière séance de la section d'économie politique, par l'illustre président de l'Académie de Bruxelles :

L'Échange international des Productions intellectuelles.

OUVRAGES DU MÊME AUTEUR

Sol et Rivages primitifs du Havre............... in-8°

Le Havre avant l'Histoire et l'antique ville
de l'Eure.. in-8°

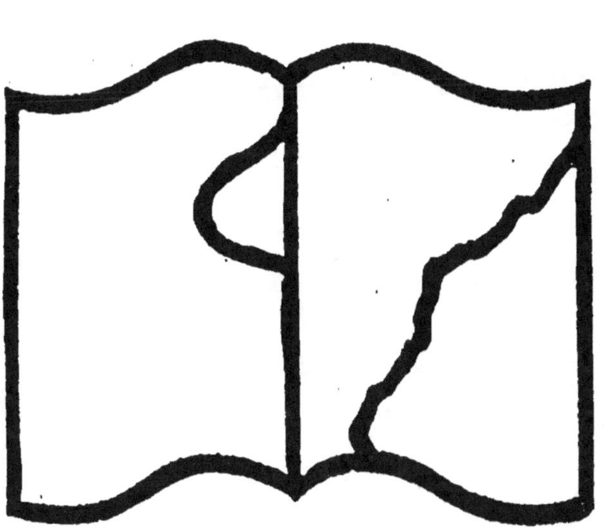

Texte détérioré — reliure défectueuse
NF Z 43-120-11